写给孩子的财商启蒙书

藏在财富大亨背后的秘密

刘鹤◎著

吉林出版集团股份有限公司 | 全国百佳图书出版单位

图书在版编目（CIP）数据

藏在财富大亨背后的秘密 / 刘鹤著．-- 长春：吉林出版集团股份有限公司，2021.1（2024.04 重印）
（写给孩子的财商启蒙书）
ISBN 978-7-5581-9730-7

Ⅰ．①藏… Ⅱ．①刘… Ⅲ．①财务管理－儿童读物
Ⅳ．① TS976.15-49

中国版本图书馆 CIP 数据核字（2020）第 264613 号

CANG ZAI CAIFU DAHENG BEIHOU DE MIMI

藏在财富大亨背后的秘密

著　者：刘　鹤		责任编辑：金佳音	
出版策划：崔文辉		绘　图：麦芽文化	
选题策划：赵晓星		封面设计：MXK DESIGN STUDIO	

出　版：吉林出版集团股份有限公司
　　　　（长春市福祉大路 5788 号，邮政编码：130118）
发　行：吉林出版集团译文图书经营有限公司
　　　　（http://shop34896900.taobao.com）
电　话：总编办：0431-81629909　　营销部：0431-81629880/81629881
印　刷：三河市兴达印务有限公司

开　本：720mm×1000mm　1/16
印　张：6
字　数：80 千字
版　次：2021 年 1 月第 1 版
印　次：2024 年 4 月第 11 次印刷
书　号：ISBN 978-7-5581-9730-7
定　价：32.00 元

印装错误请与承印厂联系　电话：15931648885

目　录

1. "股神"的力量 / 4

2. 罗斯柴尔德家族 / 22

3. 没有他卖不掉的汽车 / 38

4. 富而行其德的范蠡 / 56

5. 巨商吕不韦 / 72

6. 附录 / 94

沃伦·爱德华·巴菲特，1930年8月30日出生于美国内布拉斯加州的奥马哈市，他是全球著名的投资商人，被称为"股神"。他当然不是神，但他身上有一些"神奇"的地方。你想知道关于他的故事吗？

1."股神"的力量

巴菲特小的时候，家境比较富裕。因为父亲是一名证券经纪人，所以小巴菲特从小就喜欢玩与钱有关的游戏，尤其是换钱和记账。

最新口味的口香糖哦！一天一片，唇齿留香！

5岁的巴菲特个子刚过1米，十分瘦弱。在一般人还不懂得如何赚钱，甚至还不太认识钱的年龄，小巴菲特就在自家门口的过道上，向路人兜售口香糖了。

个子小小的他并不引人注意。于是，他就吆喝起来，吸引人们的目光。

几年后，巴菲特长高了，也更会卖东西了。他看好了商业街一个卖饮料的摊位，就跟妈妈商量卖柠檬汁。

9 岁的巴菲特已经做了四年的小老板。他总是能发现各种赚钱的机会。比如有一天，他找了几个小伙伴，在加油站附近的垃圾桶里翻找饮料瓶盖。

他可不是在捡垃圾卖，而是在进行市场调研。原来，他想知道去加油的司机们平时最喜欢喝什么饮料。

时间	地点	品牌	数量
5月1日早上 5:00-7:00	加油站 A	品牌 1	89
		品牌 2	65
		品牌 3	44
5月5日晚上 5:00-7:00	加油站 A	品牌 1	33
		品牌 2	75
		品牌 3	90

　　经过了几个月的观察，巴菲特已经完全掌握了司机们的口味。他将全部积蓄拿出来，去祖父的超市中买来捡到瓶盖最多的品牌汽水，站在加油站门口卖给司机们。

　　过了一年，小巴菲特又看好了卖报纸。他用卖汽水赚的钱去报社买报纸，站在街上卖或者送到别人家里。这样，他一个月可以赚 175 美元。

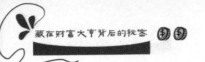

10岁的巴菲特对炒股入了迷。他开始学习基本的股票知识，并像大人一样，只要一有时间，就去股票交易大厅记录股票涨、跌的信息。

哎呦，小巴菲特，你又来啦！

财富小贴士

简单来说，股票就是一种所有权凭证，证明你持有某个股份公司的股份。我们家里的"房屋产权证"也是所有权凭证的一种，可以证明谁拥有房屋。

到了晚上，小巴菲特比以前更忙了。他不仅捧着书本学习股票的相关知识，而且还需要对当天记录的股票信息进行整理和分析。此外，他还要不停地赚钱，思考如何拓展他手头送报纸的业务，常常忙到深夜。

"巴菲特，怎么还不睡觉呀？"妈妈不知道她的宝贝儿子整天都在忙些什么。

"马上就睡啦！"巴菲特冲妈妈微笑着说。

小巴菲特做事果断。他看准了一支股票，觉得肯定能赚钱，就以每股 38 美元的价格买了 3 股。后来，这支股票在短短的几天内，就涨到了 40 美元。他卖了出去，除掉手续费，赚了 5 美元。

那一年，他 11 岁。

财富小贴士

"股"是股票的单位。股票是以股为单位交易和计算的。比如 1 股股票的价格是 10 元，你要买 10 股就要花 100 元。

14 岁的巴菲特依然瘦小，但是他已经通过买卖股票赚了不少钱，开始琢磨着买房置地。他看好了内布拉斯加的一块农田，就用攒下来的 1200 美元买了下来，并租给了一个农田承包人。从此以后，每年他都有了固定的收入。

他把赚来的钱给妈妈一部分，自己留一部分继续赚钱。

一次，他跟朋友们到高尔夫球场附近玩儿，发现球场上有一些被人丢掉的旧高尔夫球。这些球的磨损程度不同，有的球有九成新，还能用呢！

于是巴菲特等到球场没人的时候，把被丢弃的球全部捡回了家。

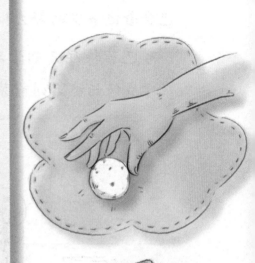

巴菲特仔细地将球按照新旧程度、品牌进行分类。第二天，他将这些球分给邻居家的孩子们，让他们去贩卖给那些喜欢高尔夫球、但是并没有很多钱买球的人。

巴菲特只是告诉邻居们这些球的售价，然后从中赚取提成。比如，这一个球卖10元钱，巴菲特收取3元钱，剩下的钱归邻居家孩子所有。

财富小贴士

我们去超市买东西的时候，会看到超市货架的下方贴着一个写有价格和品名的标签，这个价格叫作零售价。零售价一般由生产方或者销售方制定。

人人都夸巴菲特聪明。但你知道吗，这份聪明的背后，包含着他多少的努力！

巴菲特每天都学习到深夜，成绩十分优异，尤其是数学成绩始终名列前茅。

巴菲特是个名副其实的学霸。1947 年，他进入了宾夕法尼亚大学，两年后转入内布拉斯加大学林肯分校，不到一年就获得了经济学学士学位。1950 年，他又进入了哥伦比亚大学的经济学系攻读硕士学位。他的老师就是著名的经济学家格雷厄姆。

毕业后的巴菲特，凭借过硬的专业的知识和丰富的投资经验，获得了越来越多的财富。巴菲特不会随波逐流，他对每一支股票都认真研究，因此很少赔钱。

让人津津乐道的是，在买卖股票的过程中，他与很多优秀的商人、政治家成为了朋友。他与这些优秀的人在一起，创造了很多财富神话。

财富小贴士

和优秀的人交朋友，能够让我们学到许多优秀的品质和成功的经验。这些财富不同于"有形"的房子、钱和车子，它们属于"无形资产"。朋友越多的人，越"富有"哦！

巴菲特毕业后先是在老师格雷厄姆的投资公司工作。他工作勤勤恳恳，经常加班加点，不仅出色地完成了自己的工作，还常常帮助同事。在那里，巴菲特将自己的所学进行实践，逐渐掌握了投资的技巧。

后来，巴菲特回到老家。一次家庭聚会上，巴菲特提出创立公司的想法，亲戚们都很支持他。

慢慢地，巴菲特赚的钱越来越多。

成为富翁的巴菲特十分忙碌，但不管多忙，他都会抽空与家人和朋友聚会、聊天，关爱身边的人。他说："钱是为你工作，而不是你为钱工作。"

巴菲特赢得了很多人的尊重，不是因为他会赚钱，而是因为他是一位名副其实的慈善家。

全世界越来越多的人想与巴菲特成为朋友，当面向他请教投资赚钱的方法，甚至不惜花很多钱请巴菲特吃饭。

但是巴菲特没有将这些钱揣进自己的腰包，而是全部用于慈善事业，帮助那些需要帮助的人。

财富小贴士

"财富"究竟是什么？在不同的人心中有不同的定义。简单来说，财富就是具有使用价值的东西。狭义上说，财富就是金钱。广义上说，财富是获得丰富生活的一切必要物质，健康的身体、新鲜的空气都是财富呀！

慈善

巴菲特多次登上福布斯富豪榜。他与其他榜上有名的富豪——如微软的比尔·盖茨、亚马逊的杰夫·贝佐斯等人是好朋友。他们创造的物质财富让人赞叹，而他们创造的精神财富更是无价之宝，改变了几代人的生活。

福布斯富豪榜

财富小贴士

《福布斯》是美国福布斯公司创办的商业杂志，由苏格兰人B.C.福布斯于1917年创办。这本杂志以每年推出的各类财富排行榜闻名于世，比如全球亿万富豪榜。

善良　正直

聪明　能干

　　大家都称呼巴菲特为"股神"。他当然不是神，事实上他只是比其他人更努力、更执着。巴菲特说："评价一个人时，应重点考察四项特征：善良、正直、聪明、能干。如果不具备前两项，那后面两项会害了你。"

　　如果你也将这四点作为行为准则和行动指南，说不定将来也能够创造出可以改变世界的物质财富和精神财富呢！

2. 罗斯柴尔德家族

古人曾经说过："道德传家，十代以上，耕读传家次之，诗书传家又次之，富贵传家，不过三代。"

意思是说薪火相传的精神和思想能够确保家族代代兴旺，而单纯的财富继承，并不能保证子孙世代富足。

罗斯柴尔德家族

在欧洲，有一个家族便是凭借这种家族精神，创造了财富神话。这个家族叫作"罗斯柴尔德家族"。

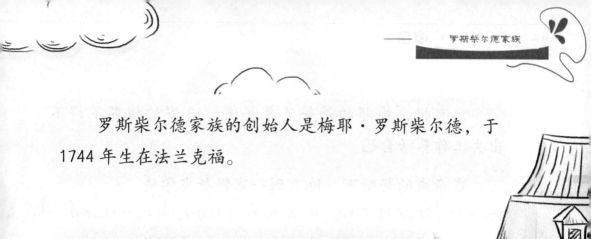

　　罗斯柴尔德家族的创始人是梅耶·罗斯柴尔德，于1744年生在法兰克福。

　　他的爸爸是一位走街串巷的金匠，也做贷款业务。梅耶从小在爸爸身边耳濡目染，早早就懂得了经商之道。他聪慧过人，因此爸爸将自己的经验和知识全部传授给小梅耶。

只可惜，梅耶的爸爸英年早逝，13岁的梅耶不得不出去工作养活自己。

在亲戚的帮助下，他来到一家银行当学徒。

财富小贴士

"学徒"就是徒弟、学生的意思。在我国古代，专门学校较少，如果想要学习一门手艺的话，就需要拜一位老师。师傅不仅教授文化知识，也教徒弟实际操作。比如木匠学徒、陶艺学徒等。

　　梅耶很努力地学习银行业务。

　　白天，他认真地观察每个岗位的工作内容，倾听银行工作人员和客户的谈话。夜晚，他秉烛夜读，努力学习关于金融的各种知识。

　　梅耶十分勤快，银行里的哥哥姐姐们只要喊一声："这里需要帮助！"梅耶一定小跑着过来帮忙。大家都很喜欢他。

过了不久，梅耶就掌握了银行的大部分工作内容，他不仅没有向银行交"学徒费"，还赚了一点儿买面包的钱。

他在银行工作了整整七年，从未间断学习。他喜欢听金融业大亨谈论的各种奇思妙想，还认识了很多聪明人。

　　转眼间，梅耶已经20岁了。他离开银行，开始独立经营。他很喜欢历史，十分了解古董和古钱币，于是就做起了古董商。有一次，他偶然得到机会面见威廉王子。两人同是古钱币收藏家，相谈甚欢，于是成为十分要好的朋友。在威廉王子的关照下，梅耶的生意越来越兴旺。

梅耶是个喜欢聆听的人。每周六的晚上，他都会邀请一些具有智慧和才华的人到他的家里聚会。他们常常一边喝葡萄酒，一边讨论政治、经济等热点问题。

梅耶有不懂的问题，就虚心向他们请教。当他有困难时，大家都乐于帮助他。

一次偶然的机会，梅耶遇到了一位善良美丽的姑娘——古特，两人终成眷属。

婚后，他们育有五个儿子，后来被世人称为"五虎"。

像自己的父亲一样，梅耶倾尽所能地将自己的知识和经验传授给五个儿子。他为孩子们请来优秀的教师，带孩子们出席各种聪明人的聚会。

孩子们从小耳濡目染，个个优秀。

只要团结一致，就所向无敌。分手的那天，将是你们失去繁荣的开始。

我蹲下、跪下是为了跳得更高。

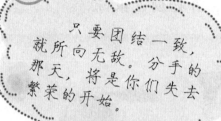

时代永远不会因为没有罗斯柴尔德而停止前进，只有罗斯柴尔德跟着时代前进。

我们每个人都是手表的一个零件，要彼此团结才能保证正常运转。

去做你真正了解的和你能够做好的事。

慢慢地，五个孩子都长成小伙子了。有一天，梅耶将孩子们叫到书房，说："你们现在长大了，是时候拓展我们的业务了。"五个孩子离开父亲，离开德国，奔赴英国、法国、奥地利等国，开始创设银行。

那时候没有手机，信息传递只能靠信件或者电报，不但不方便，还容易泄密。为了保密，他们建立了自己的信使团队，甚至还用专门的密码写信。

　　有一次，梅耶跟孩子们一起练习射箭。梅耶拿起一支箭，稍一用力，箭一下子断裂了。他又将五支箭绑在一起，使尽全身力气，也无法将它们折断。梅耶对孩子们说："你们就像这箭，只有团结起来才能所向披靡！"在梅耶的教育下，孩子们不仅非常团结，还将这种精神一直传承了下来。

1812年，老梅耶在病床上，立下了遗嘱：

1. 所有家族银行的要职须由家族内部成员担任，绝不用外人。只有男性家族人员能够参与家族商业活动。

2. 家族通婚只能在表亲之间进行，防止财富稀释和外流。

（这一规定在前期被严格执行，后来放宽到可与其他犹太银行家族通婚。）

3. 绝对不准对外公布财产情况。

4. 在财产继承上，绝对不准律师介入。

5. 每家的长子作为各家首领，只有家族一致同意，才能另选次子接班。

财富小贴士

"遗嘱"是指人在生前按照法律规定的方式对其遗产或其他事务所作的个人处理。遗嘱于遗嘱人死亡时发生法律效力。如果没有遗嘱，可以根据《继承法》中的有关规定分割财产。

老梅耶去世时，将家族的全部财富和经营财富的秘诀传给了他的孩子们。他们的孩子又将这种精神发扬光大，当然也赚了更多的钱。

虽是富翁的孩子，但罗斯柴尔德家族的每个孩子都要从基层做起，保持谦逊和低调。就这样，这个家族所创造的财富神话延续至今。

"罗斯柴尔德"在德语中意为"红盾",因此家族族徽的主体也是红盾。红盾上有两个紧紧握住五支箭的拳头,象征着家族成员的团结一致和荣辱与共。和谐、尊严、勤奋的家族座右铭被印刻在红盾纹章的正下方,代表勇气的狮子和代表崇高精神的雄鹰纹饰,被分别置于盾牌的右上和左下。

梅耶曾说过:"我蹲下、跪下,是为了跳得更高!"第五代罗斯柴尔德家族掌门人曾说:"时代永远不会因为没有罗斯柴尔德而停止前进,只有罗斯柴尔德跟着时代前进!"今天,在一代又一代家族成员的共同努力下,罗斯柴尔德家族的金融业务涵盖全球40多个国家。肖邦为这个家族谱写过乐曲,巴尔扎克为这个家族写过书。在世人的眼中,这依然是一个神秘莫测的家族。

3. 没有他卖不掉的汽车

1928 年底的一天，在美国底特律市的一座破旧房子中，一个男婴呱呱坠地了。

他的到来，并没有让全家欢喜。因为，这是全美国、甚至全世界的经济最为艰难的时期。小男孩的到来，让本已捉襟见肘的家庭更加困窘。

这个不被祝福的小男孩，名叫乔·吉拉德。

　　乔·吉拉德的父亲是从意大利西西里逃难到美国底特律市的。因此，他们一家刚到美国时没有一点儿积蓄，只能靠四处打工赚点儿零钱。为了生活，9岁的乔·吉拉德不得不出去工作。

　　他很瘦小，做不了体力活儿。只能在街口摆个小摊位，给来往的有钱人擦皮鞋。

邻居们都瞧不起穷困的乔·吉拉德一家。

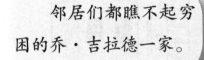

"看，那个脏兮兮的小鞋匠来啦！"邻居的孩子们总是嘲笑小吉拉德。有时，他实在气不过，会跟他们大打出手。但这样的结果更糟。当邻居带着被打的孩子来敲门时，吉拉德还会遭到爸爸的一顿打骂。

40

在最黑暗的日子里，乔·吉拉德的母亲不动声色地用爱滋养着他的心灵。

妈妈说："孩子，我们都要努力地活下去！只有这样，才有改变命运的机会！"

"孩子，贫苦只是眼前的！你会长大，会有力气做更多的活儿，赚更多的钱！"

在妈妈的一再坚持下，乔·吉拉德一直读到高中毕业。

16岁的乔·吉拉德已经是一位翩翩少年。多年的在外谋生经历，使他比同龄人更有力量。于是，他应聘成为一名锅炉工。

每天早上，乔·吉拉德早早地来到锅炉房；晚上，披星戴月地回到家。

他工作很努力，因此每个月能拿到比别人多一点儿的奖金。锅炉房的空气中总是充斥着煤烟，让人很不舒服。

有一天，乔·吉拉德不停地咳嗽着。医生检查完说："他得了严重的气喘病，不能继续烧锅炉了。"

　　就这样，乔·吉拉德失业了。为了赚钱养家糊口，他不得不开始寻找新的工作机会。这天傍晚，他又一次被辞退。走在阴暗的马路上，他的肚子饿得咕咕直叫。

　　就在这时，他看到路边一位穿着得体的青年女子，似乎是赶着回家。

他看到女子的钱包就放在裤子的口袋边。在黑暗和饥饿的驱使下，乔·吉拉德鬼使神差地偷走了女士的钱包。

成名后的乔·吉拉德曾向大家诉说这段往事，他一直感到十分惭愧。但面对自己曾犯下的错，乔·吉拉德选择勇敢地承认，并积极弥补。

乔·吉拉德 35 岁时，仍然一事无成。他听说做销售工作很赚钱，于是有一天，他到一家汽车销售公司应聘。

乔·吉拉德不仅长相普通，说起话来还有点儿口吃。招聘经理只瞅了他一眼，就低下了头，看其他人的简历去了。

45

在乔·吉拉德的再三恳求下，招聘经理才勉强让他留下来试试。

"好吧，看你这么有诚意，给你一个月的时间！"就这样，乔·吉拉德开启了他的销售生涯。

早上，他跟同事们一起开会。午休的时候，他翻找着电话簿，将潜在客户的名字和电话记在笔记本上。晚上，他认真地读书，学习汽车销售的专业知识。

乔·吉拉德对于销售这份工作着了迷。上下班的路上，只要碰到人，他就双手递上名片，并说道："这张名片，您可以留下，也可以丢弃。但如果您留下，说不定有需要时我就能帮上忙。"

他去餐厅吃饭，付款时留下名片；他去看体育比赛，也不忘带着名片。同事们笑话他："你这送名片的行为真是既愚蠢又尴尬，哈哈哈哈……"，还给他取了个"名片大王"的绰号。

节日聚会时，亲戚朋友问他："你是做什么工作的呀？"听说他是卖汽车的，大家都面露不屑。但乔·吉拉德骄傲地说："我是一名销售员，我热爱我的工作！"

公司的汽车销售员很多，但是他们常常来了又走。只有乔·吉拉德坚持着。他想："我是一棵种在这里的树，假以时日，我一定会长得粗壮、茂盛。"

在乔·吉拉德之前，汽车推销员平均每周卖出7辆汽车。而乔·吉拉德平均每天就可以卖出6台车。甚至有一次他只用了不到20分钟就将一辆车卖了出去。乔·吉拉德在日记中写道："工作不分贵贱。无论世人对我的职业有什么偏见，我都尊重我的工作。"

经历了一千多个日夜的努力，乔·吉拉德终于成了最优秀的汽车销售员。很多大公司慕名而来，请他去给销售人员做培训。

他毫不吝啬地将经验传授给他们："我的确有一些诀窍。比如，我会为每位客户建立档案，了解他们的真实想法。我用真诚和爱心关怀他们，每个月都会给他们寄送出慰问卡片，只想告诉他们，我很爱他们！"

每天早上，乔吉拉德都会带着微笑走出家门。

他在镜子前，细心地观察自己的衣着，并鼓励自己说："我感觉很好！我是最棒的！"

这就像一个激活身体发动机的程序。

一天，一位男士来展厅看车。乔·吉拉德走上前去，向他介绍这辆车的情况："这辆车的优点在于外观精美、起速较快，减震的感觉也很好。"

接着，他又说："但是它耗油量较大，个别的零部件使用周期短……"听完后，男士诧异道："别的销售员都只告诉我汽车好的方面，你却将它们的缺点也一一呈现给我，不怕我因此不买了吗？"

乔·吉拉德笑着说道："虽然我们一直在追求完美的东西，但很显然，目前办不到。我只是诚实地告知你我卖给你的东西的真实面貌。你只有了解它，才会做出正确的选择！"

乔·吉拉德的诚实感动了那位男士。他听了乔·吉拉德的介绍，经过一番比较之后选择了一款自己满意的车。

35 岁之前，乔·吉拉德是个彻头彻尾的穷光蛋。但他仅仅用了几年的时间，就创造了吉尼斯世界汽车销售记录。

在他的财富故事里，我们可以得到这样的启发——

努力是不分早晚的！
工作必须全情投入！
用爱工作，用爱生活！

正如乔·吉拉德所说：

"一切由我决定，一切由我控制。"

"一切奇迹都要靠自己创造。"

荣誉

4.富而行其德的范蠡

　　春秋时期是一个充满奇妙且激情澎湃的时代。那时候，百家争鸣、诸侯争霸，出现了很多"牛人"，比如孔子、老子等，为我们留下了丰富的文化遗产。

在这些著名的人物当中，有一个人对春秋时期的经济发展做出了巨大的贡献，他就是范蠡。

范蠡自幼勤奋好学，聪慧无比。家里的农活儿很多，他常常在农闲或者晚上读书。

一次偶然的机会，范蠡认识了越王勾践。于是他和文种帮助勾践灭掉吴国、复兴越国。

范蠡驰骋疆场，他说："治国我不如文种，但战斗是我的强项。"

文种与范蠡的关系可不一般。当年，范蠡怀才不遇之时，文种已是南阳县令。文种慧眼识珠，多次去范公村拜访，才将范蠡请出来。两人本想效劳于楚国，但楚王昏庸无能，他们十分失望。商量之后，两人这才投奔了越国。

刚到越国的时候，他们并没有机会认识越王。但他们二人了解越国百姓，也熟悉了越国的国情。越王勾践在会稽山兵败，范蠡劝他忍辱负重、顾全大局。范蠡陪着勾践一起到吴国成为奴隶。

他们在吴国被关押了三年，生活异常艰难。后来在范蠡的帮助下，勾践终于顺利地返回越国。

与军事能力相比，范蠡的经商能力更加卓越。那时候，国家的富强离不开农民的劳作，因此他十分关注农民的生活情况。丰收之年，他将百姓的粮食收购后存放到国家仓库里。等到饥荒之年，他就将粮仓开放，卖给百姓。这样，粮食丰收的时候，粮食的价格不会太低；而粮食紧缺的时候，粮食的价格也不会太高。

直到今天，我们的国家依然会利用这种方式调控粮食价格。

财富小贴士

物品价格与我们的生活息息相关。假设铅笔由1元涨到10元，本来能买10支铅笔的10元钱就只能买1支铅笔，我们的购买力就变低了。

　　我国民间供奉的财神爷，便是以范蠡为原型的，"聚宝盆"就象征着范蠡用来赚钱的宝物。

范蠡有一个好朋友叫计然，他们常常在一起讨论如何能够使国家和人民富有。计然向范蠡讲了七种可以致富的办法，比如防止农业灾害等。

范蠡认为很有道理，于是运用了其中的五种方法，使越国变得越来越有。

　　范蠡有三个儿子。有一次，二儿子在楚国犯了罪被抓了起来，他准备派小儿子去解救二儿子。范蠡的夫人不高兴地说："长子为大，为什么不派大儿子去呢？"于是就派了大儿子前去。临行前，他叮嘱道："到楚国后，找到一个叫庄生的人，他会帮助你！"

　　庄生听了大儿子道明事情原委后，想了想，收下了大儿子带来的钱，说："你回去吧！我尽力去做。但请记住，如果你弟弟被放了出来，千万不要问他是如何出来的！"

　　然而，范蠡的大儿子并没有听庄生的话，而是留在了楚国，打探消息。

　　与此同时，庄生找机会见到了楚王。

原来，庄生与楚王很熟，楚王十分敬重庄生。庄生对楚王说："我夜观天象，认为您应该修德！"

楚王听了忙问："如何修德呢？"

"不如封闭三钱府！"庄生答道。

楚王欣然应允。（封闭三钱府就表示要大赦天下，犯人提前释放。）

消息一出，范蠡的大儿子十分开心，心想：弟弟马上要被放出来了，庄生没什么用了，得把钱取回来。

于是范蠡的大儿子又来到庄生家。他说："我听说楚王大赦天下，所以……"庄生没等他说完，就让他把放在桌上的钱拿走了。

庄生很生气，于是再次找到楚王说："百姓们传言大王想徇私将范蠡的次子放出去！"

楚王听了大怒，于是第二天下令处死范蠡的次子。

68

最后，范蠡的长子拉着次子的尸体回到家，全家人都十分悲伤。范蠡叹息一声说道："我就知道会这样！"

大家都很奇怪，范蠡解释道："大儿子视财如命，因此能省则省；而小儿子并不在意钱财，愿意用很多钱去换二哥的命。庄生觉得大儿子是在玩弄他，所以才会设计让楚王杀了二儿子！"

　　一个人的一生能具有持续获得财富的能力已经不易，而范蠡却三次舍尽家财，三次白手起家成为富豪。勾践光复越国后，范蠡便功成身退，与妻子西施泛舟去往齐国。在齐国，他边游历、边经商，几年之内便成为巨富。在拥有的财富达到巅峰之时，他散尽家财，去往陶地，并在那里再次创下神话。短短几年后，他又一次成为巨富。

范蠡将赚的钱给了亲戚、朋友、邻居和乡人。因此，他受到了所有人的敬重。很多人只羡慕范蠡的富有，却忽视了他的勤劳。他经商兢兢业业，无论卖食品还是服装，无论做多大的生意，他都亲力亲为。他有胆有识，再加上勤奋刻苦，获得财富也就理所当然了。

"老人家，拿着这些钱去看病吧！"

"小朋友，拿着这些钱去学堂读书！"

"你们工作很辛苦，这些钱送给你们，继续努力呀！"

5. 巨商吕不韦

在我国古代，商人称为"贾"，处于社会底层。

财富小贴士

我国古代社会分为士、农、工、商四大阶层。商人处于社会底层，因此经商的人很少，经济发展相对缓慢。

很多商人为了提高自己的社会地位，不得不攀附权贵，谋取一官半职。大商人吕不韦也难逃这样的命运。

吕不韦是战国末期的大商人，他往来各地，靠低进高卖赚取货物的差价，积累起千金的家产。

一般人只会投资在东西上，比如粮食、服装、蔬菜等。可是，吕不韦却将人作为投资对象。这是怎么回事呢？

有一次，吕不韦到邯郸去做生意，偶遇秦异人。他见到异人后十分兴奋，说："您就好比一件奇货，可以囤积居奇，以待日后高价售出。"这便是成语"奇货可居"的来源。

当天，吕不韦回到家中跟父亲说起此事。

吕不韦问："爹，耕田能得到几倍的利润呢？"他的父亲回答说："十倍左右！"

"那卖珠宝能获得几倍利润呢？"吕不韦又问。他的父亲说："一百倍左右！"吕不韦接着问："如果辅佐一个人登上王位，又能得到几倍利润呢？"他的父亲说："无数倍！"

于是，吕不韦再次找到异人说："我要帮助您光大门庭。因为只有这样，您才能帮助我飞黄腾达。"

太子位

吕不韦具有不凡的政治智慧。他认为异人的爷爷秦昭王年纪老了，异人的爸爸安国君不久就将继位，到时异人的兄弟们一定会竞争太子的位置，而作为安国君儿子的异人也会有成为太子的机会。

异人见吕不韦虽然带着目的帮助他，但确实很有智慧和胆识，于是接受了他的建议。

那时候的吕不韦虽然已经开始经商了，但做的都是小生意，其实没有多少钱。他拿出自己的全部积蓄，去游说一些重臣，让他们在安国君面前替异人说好话，争取让异人早日回国。这是吕不韦实施的第一步计划。

看到吕不韦为自己奔走，异人内心十分感激。他曾对吕不韦说，如果他真的能帮自己回到秦国并且成为太子，一定给吕不韦丰厚的报酬；如若顺利当上秦王，必将拜吕不韦为宰相。吕不韦也很感动，更加全力以赴地帮助异人。

　　安国君的正夫人叫作华阳夫人，深受安国君的喜爱。于是，吕不韦搜集各种奇珍异宝送给华阳夫人，逐渐得到了华阳夫人的信任。吕不韦听说华阳夫人没有孩子，觉得这是一个非常好的机会。有一天，吕不韦拜访华阳夫人时对她说："夫人，我为一事担忧并难过，那就是您膝下无儿无女，假如某天身体不好，身边连个贴心照顾的人都没有。"

　　华阳夫人叹了口气说："唉，我也希望有个孩子陪伴左右呀！"吕不韦见时机成熟，便说："我听说异人品行端正。他从小失去母亲，很希望能陪伴在您和安国君的左右。只可惜，他身在赵国，有心无力呀！"

华阳夫人也听大臣们提过异人，非常想见见这个孩子。于是就与安国君商量。安国君答应了她的请求，并派人到赵国接异人回秦国。

然而，事情进展得并不顺利，赵国不想放异人回国。于是，吕不韦又找到赵王，对他说："秦国今非昔比，现在如果攻打赵国的话，赵国的胜算很低。不如借此机会，放了异人。等以后安国君当了秦王，也会记得今天赵王放了他儿子的这份情谊。"

　　赵王深思熟虑后，答应放人。

　　就这样，在吕不韦的斡旋下，赵国派出护卫队，带着精美的礼物，将异人送回了秦国。这是吕不韦实施的第二步计划。

出发前，吕不韦叮嘱异人道："华阳夫人是楚国人，您去拜见她，一定要穿着楚国的衣服。"

果然，华阳夫人看到身着家乡服饰的异人后，当即流下眼泪，并说："以后你就是我的儿子啦！"

从小失去母亲的异人也很感动，一再谢恩。后来华阳夫人赐名"子楚"，暗含异人是楚人之子。

太子

　　子楚天资聪颖，再加上有吕不韦的出谋划策，很快便深得安国君的喜爱。华阳夫人越来越喜欢这个儿子，总在安国君面前夸耀子楚。安国君让吕不韦做子楚的老师，还常常送给子楚一些礼物。大臣们纷纷议论，子楚一定会成为秦国未来的太子。

过了几年，秦昭王去世，安国君登上王位即秦孝文王。华阳夫人成为王后，子楚顺理成章地被立为太子。仅仅三天后，秦孝文王因病去世，太子子楚继承了王位，成为秦王，史称秦庄襄王。

他没有忘记对吕不韦的承诺，封吕不韦为宰相。吕不韦成了一人之下、万人之上的大官。而秦王子楚的儿子，就是后来大名鼎鼎的秦王嬴政。

吕不韦拜相后，命人搜集民间文人的作品，并把自己的见识和经历写下来，综合在一起，写出了作品《吕氏春秋》。

他又命令人将自己的作品写在布上，挂在城门上，让人在上面可以修改。有人能添加一个字，或者减少一个字的话，就赏黄金一千。便是"一字千金"的由来。

吕氏春秋

子楚在位仅仅三年，便生病而死。他11岁的儿子嬴政继承了王位。此时的秦国外部面临各国的敌视，内部因数年征战，经济衰退。内忧外患中，作为辅佐嬴政的吕不韦不得不设法解决问题。

吕不韦深知，像他这类商人最有钱，但地位很低，一定会愿意为了提高社会地位而花钱。

于是他将官位标出价格，向百姓出售。

商人们纷纷拿钱做官，吕不韦便用这些钱解决国内的经济问题和蝗灾。

为了发展经济，吕不韦还取消了贸易税。因此那时，商人都喜欢去秦国做生意。吕不韦允许民间发行钱币，他自己还发行了文信钱。

　　吕不韦设立的"太平仓"对秦国的农民贡献最大。风调雨顺之年，农民可以将卖不出去的粮食卖给"太平仓"；饥荒之年，农民可以向"太平仓"借粮，而利息很低。

但是，此时的吕不韦认为自己富可敌国且大权在握，变得骄傲自大起来。他不仅在朝堂之上一手遮天，还对后宫指手画脚。

在嬴政继位的第十年，终于忍无可忍，免除了吕不韦的职务，还将他逐出京城，迁往河南。

在河南，不断有宾客前去拜访吕不韦。秦王嬴政听说后，写信训斥吕不韦，让他迁到蜀地生活。要知道，在我国古代，蜀地是很偏远的地区，只有被治了重罪的人才会被流放到那里。

吕不韦想到自己的处境如此凄凉，就喝下毒酒自杀了。

　　虽然吕不韦的结局有些凄惨，但并不影响他是一位出色的政治家、思想家和商人。吕不韦是个善于谋略的人，只要树立目标，就会全力以赴。

他的成功还得益于他的口才。比如他说服异人听从自己的安排，说服赵王主动送异人回秦等。这与我们今天的谈判十分相似。

财富小贴士

在正式或非正式场合中的一切协商、交涉、商量、磋商等都可以视为谈判。比如，你想买一个好看的笔记本，但是父母并不同意，你就可以跟他们"谈判"。谈判要明确目标，尽量满足双方利益，做到公开、公平、公正。商业谈判是商业活动中非常重要的内容。

什么是真正的财富？

有一个富翁，独自住在一栋漂亮的大房子里。他的年纪越来越大，想卖掉房子回乡下老家。因为在这座城市里他没有一个亲人。

陆续来看房子的人很多，其中有一个年轻人。

年轻人对老人家说："我只有1000元钱，房子可以卖给我吗？"

富翁心想：就这么点儿钱我怎么可能卖给你？

年轻人接着说："我愿意把我的1000元都给你，你把房子卖给我。同时，我邀请你一起居住，我会把你当爷爷一样照顾你、陪伴你。"

富翁想，把房子卖给其他人得到的只是一些钱，而现有的钱对他来说安度晚年已经足够了。把房子卖给年轻人，或许可以收获一个快乐的晚年。一家人其乐融融地生活，不正是此刻他最想要的吗？

3天后，富翁把房子卖给了这个年轻人。从此，他们快乐地生活在一起！

读完这个故事，你受到了什么启发呢？我们看到，不同的人对财富的定义是不同的。要学会挖掘自己的价值，让平凡的自己发挥长处，才能收获财富！

"给我"和"拿去"

有一个人特别吝啬，从来不会送别人东西，他最不喜欢听到的一句话就是"把东西给……"。

有一天，这个人不小心掉到河里去了。他不会游泳，眼看着就要被淹死了。朋友在岸边大喊："把手给我，我拉你上来！"但这个人始终不肯把手给他的朋友。他的朋友急了，突然想到了这个人的习惯，灵机一动喊道："快，把我的手拿去，把我的手拿去！"结果，这个人立马伸出手，紧紧握住了朋友的手。

故事中的主人公当然是十分愚蠢的，但他给我们的启示是：有时候"给我"和"拿去"的结果是一样的，只是不同的表达会决定事情的成败。假设你开了一个水果店，见到顾客是说"把你的钱给我"还是"请拿去这么好的水果"呢？请你想想哪种说法更好？

财富大亨教你十大理财思维

1. 不储蓄，绝对不能成为富豪！

2. 储蓄不是美德，而是管理财富的手段！

3. 努力工作赚钱不只是为了消费，也是为了投资！

4. 储蓄是"守"，投资是"攻"，二者要结合起来！

5. 与其感慨和羡慕，不如从现在起就努力工作、努力学习！

6. 你可以有适当的负债！

7. 要学会与书为伴，无论何时都不要放弃读书、学习！

8. 不管什么人，只凭自己的力量都难以成功。要学会交朋友！

9. 时间就是金钱，这是真理！

10. 学会关注信息，并作出正确的分析和判断！